JEC-5914-2006

電気学会　電気規格調査会標準規格

電力線搬送用結合コンデンサ

緒　　　言

1. 制訂の経緯と要旨

JEC-173-1976（電力線搬送用結合コンデンサ）は1976年に改訂されたが，関連する規格であるIEC 60358-1990（Coupling capacitors and capacitor dividers）については1990年に改訂，JEC-0102-1994（試験電圧標準）が1994年に改訂，JEC-1201-1996（計器用変成器）が1996年に改訂，およびIEC 60044-5-2004（Instrument Transformers-Part 5：Capacitor voltage transformers）が2004年に制定され，関連規格との間で差異が発生している。

また，結合コンデンサ材料のうち"紙"については，"紙フィルム"または"フィルム"に変化してきていることに伴い，規格と実態の違いが拡大している。

このような状況を鑑み，改訂あるいは制定された関連する規格との整合を図ることを目的とし，改訂を実施した。

JEC-173-1976（電力線搬送用結合コンデンサ）と比較した主な改訂点は以下のとおりである。

(1) 絶縁階級について　関連するJEC-0102-1994（試験電圧標準）およびJEC-1201-1996（計器用変成器）に準拠して，絶縁階級の用語を使用しないこととした。

(2) 定格静電容量について　結合コンデンサは従来 $0.002\ \mu F$ を標準としていたが，コンデンサ形計器用変圧器と整合がとれず，IEC 60358-1990（Coupling capacitors and capacitor dividers）にも規定されていないことから，標準値は規定しないこととした。

(3) 機械的強度について　従来から結合コンデンサの"機械的強度"は規定されていなかったが，JEC-1201-1996（計器用変成器）をはじめとする他の変電機器との整合を図り規定した。

(4) 漂遊対地静電容量について　コンデンサ形計器用変圧器と共用する結合コンデンサの場合には，コンデンサ形計器用変圧器の変成装置の漂遊対地静電容量が並列にはいること，およびIEC 60358-1990（Coupling capacitors and capacitor dividers）では定格静電容量を用いた数式で漂遊対地静電容量を規定していることより，IEC 60358-1990（Coupling capacitors and capacitor dividers）との整合を図り，数値を変更した。

(5) 高周波静電容量について　高周波における結合コンデンサの静電容量は，塩害汚損時などの実情を考慮したIEC規格のほうが規格として相応しいため，IEC 60358-1990（Coupling capacitors and capacitor dividers）との整合を図り数値を変更した。

(6) 耐電圧について　絶縁階級の削除に伴い，本耐電圧の項目に試験電圧値を記載した。なお本内容はJEC-1201-1996（計器用変成器）に表記を合わせた。

(7) コンデンサ損失　誘電体の材料の多様化に伴い，従来は材質が"紙"の場合のみを規定していたが，IEC 60044-5-2004 (Instrument Transformers-Part 5：Capacitor voltage transformers) との整合を図り，"紙フィルム""フィルム"の場合を規定した。

(8) 保安装置について　現状では保安装置も多様化してきており球状火花ギャップに限定せず，放電電圧のみを従来と同様に規定した。

(9) 試験項目および順序について　試験項目および内容について，規定の項目変更や関連規格との整合を図り見直しを行った。

なお，改訂のための作業は，平成17年1月より着手され慎重審議の結果，平成18年3月に成案を得て，平成18年5月に電気規格調査会の承認を経て改訂されたものである。

2. 引用規格名

本規格制定にあたり，参考にした，または引用した規格は次のとおりである。

JEC-185-1976	電力線搬送用結合フィルタ
JEC-194-1975	電力線搬送用保安装置
JEC-0102-1994	試験電圧標準
JEC-0201-1988	交流電圧絶縁試験
JEC-0202-1994	インパルス電圧・電流試験一般
JEC-1201-1996	計器用変成器
JEC-5901-1998	電力線搬送電話端局装置
JEC-5913-1987	電力線搬送用ライントラップ
IEC 60358-1990	Coupling capacitors and capacitor dividers
IEC 60044-5-2004	Instrument Transformers-Part 5：Capacitor voltage transformers

3. 標準化委員会および標準特別委員会

標準化委員会名：電力用通信標準化委員会

委員長	小屋敷辰次	（電源開発）	委員	嵯峨　卓	（東北電力）
幹事	伊藤　和雄	（電源開発）	同	鈴木　敦	（富士通アクセス）
同	芹澤　善積	（電力中央研究所）	同	鈴木　信二	（中部電力）
同	山岡　和雄	（電源開発）	同	髙嶋　正也	（関西電力）
委員	新井　裕	（明電舎）	同	高橋　貞夫	（サンコーシャ）
同	今井　徹	（東日本旅客鉄道）	同	田中　立二	（東芝）
同	岩崎　和人	（九州電力）	同	豊島　重樹	（日本工営）
同	太田　昭吾	（昭電）	同	中川　修	（日本電気）
同	小舩井政行	（大井電気）	同	西　昭憲	（東芝）
同	笠島　孝志	（東京電力）	同	野村　英生	（中部電力）
同	梶間　俊郎	（日新電機）	同	林　克哉	（関西電力）
同	片岡　芳行	（日新電機）	同	林　瑞泰	（富士通）
同	栗原　晃雄	（経済産業省）	同	堀口　彰	（三菱電機）
同	小海　裕	（日立製作所）	同	松本　俊郎	（富士電機システムズ）

委　　員	松本	登	（東京電力）	委　　員	和田　克巳	（日本工営）
同	村下	直久	（高岳製作所）	幹事補佐	飯田　圭吾	（電源開発）
同	米倉	和彦	（九州電力）	同　　同	大塚　彰男	（電源開発）

4. 部　　会

部会名：計測制御通信部会

部 会 長	高橋　治男	（東　芝）	委　　員	小屋敷辰次	（電源開発）
幹　　事	井口　留司	（日本電気計器検定所）	同	小山　博史	（日本品質保証機構）
委　　員	加曽利久夫	（日本電気計器検定所）	同	高岡　成典	（東京電力）
同	栗原　雅幸	（電力中央研究所）	同	中邑　達明	（東　芝）
同	黒沢　保広	（東　芝）	同	渡辺　勝吉	（日本電気計器検定所）
同	小見山耕司	（産業技術総合研究所）			

5. 電気規格調査会

会　　長	鈴木　俊男	（電力中央研究所）	2号委員	湯本　雅恵	（武蔵工業大学）
副 会 長	松瀬　貢規	（明治大学）	同	大和田野芳郎	（産業技術総合研究所）
同	松村　基史	（富士電機システムズ）	同	今田　滋彦	（国土交通省）
理　　事	大植　康司	（関西電力）	同	大房　孝宏	（北海電力）
同	大木　義路	（早稲田大学）	同	村田　猛	（東北電力）
同	片瓜　伴夫	（東　芝）	同	森　榮一	（北陸電力）
同	近藤　良太郎	（日本電機工業会）	同	髙木　洋隆	（中部電力）
同	小須田徹夫	（明電舎）	同	宇津木健太郎	（中国電力）
同	島田　元生	（ビスキャス）	同	石原　勉	（四国電力）
同	鈴木　良博	（日本ガイシ）	同	安元　伸司	（九州電力）
同	瀬戸　和吉	（経済産業省）	同	鈴木　英昭	（日本原子力発電）
同	高橋　治男	（東　芝）	同	大西　忠治	（新日本製鐵）
同	滝沢　照広	（日立製作所）	同	佐々木孝一	（東日本旅客鉄道）
同	武部　俊郎	（東京電力）	同	東濱　忠良	（東京地下鉄）
同	田生　宏禎	（電源開発）	同	小山　茂	（松下電器産業）
同	永井　信夫	（三菱電機）	同	橘高　義彰	（日新電機）
同	萩森　英一	（中央大学）	同	筒井　幸雄	（安川電機）
同	渡邉　朝紀	（鉄道総合技術研究所）	同	赤井　達	（横河電機）
同	田井　一郎	（学会研究経営担当副会長）	同	福永　定夫	（ジェイ・パワーシステムズ）
同	石井　勝	（学会研究経営理事）	同	三浦　功	（フジクラ）
同	村岡　泰夫	（学会専務理事）	同	浅井　功	（日本電気協会）
2号委員	奥村　浩士	（広島工業大学）	同	井上　健	（日本電設工業協会）
同	小黒　龍一	（九州工業大学）	同	新畑　隆司	（日本電気計測器工業会）
同	斎藤　浩海	（東北大学）	同	高山　芳郎	（日本電線工業会）
同	鈴木　勝行	（日本大学）	同	花田　悌三	（日本電球工業会）

3号委員	岡部　洋一	（電気専門用語）	3号委員	稲葉　次紀	（ヒューズ）
同	大崎　博之	（電磁両立性）	同	村岡　隆	（電力用コンデンサ）
同	多氣　昌生	（人体ばく露に関する電磁界の評価方法）	同	泉　邦和	（避雷器）
同	加曽利久夫	（電力量計）	同	田生　宏禎	（水　車）
同	中邑　達明	（計器用変成器）	同	横山　明彦	（標準電圧）
同	小屋敷辰次	（電力用通信）	同	坂本　雄吉	（架空送電線路）
同	小山　博史	（計測安全）	同	尾崎　勇造	（絶縁協調）
同	小見山耕司	（電磁計測）	同	高須　和彦	（がいし）
同	黒沢　保広	（保護リレー装置）	同	河村　達雄	（高電圧試験方法）
同	森安　正司	（回転機）	同	小林　昭夫	（短絡電流）
同	細川　登	（電力用変圧器）	同	岡　圭介	（活線作業用工具・設備）
同	中西　邦雄	（開閉装置）	同	大木　義路	（電気材料）
同	林　洋一	（パワーエレクトロニクス）	同	島田　元生	（電線・ケーブル）
同	河本康太郎	（工業用電気加熱装置）	同	久保　敏	（鉄道電気設備）

JEC-5914-2006

電気学会　電気規格調査会標準規格

電力線搬送用結合コンデンサ

目　次

1. 適用範囲 ……………………………………………………………………………………… 7
2. 用語の意味 …………………………………………………………………………………… 7
3. 使用状態 ……………………………………………………………………………………… 8
   3.1 常規使用状態 …………………………………………………………………………… 8
   3.2 特殊使用状態 …………………………………………………………………………… 8
4. 定　格 ………………………………………………………………………………………… 8
   4.1 定格電圧 ………………………………………………………………………………… 8
   4.2 定格静電容量 …………………………………………………………………………… 8
   4.3 電流容量 ………………………………………………………………………………… 9
5. 構　造 ………………………………………………………………………………………… 9
   5.1 構造一般 ………………………………………………………………………………… 9
   5.2 構造形式 ………………………………………………………………………………… 9
   5.3 下部の構造 ……………………………………………………………………………… 9
   5.4 接地開閉器 ……………………………………………………………………………… 9
   5.5 保安装置 ………………………………………………………………………………… 9
   5.6 機械的強度 ……………………………………………………………………………… 9
6. 性　能 ………………………………………………………………………………………… 10
   6.1 静電容量 ………………………………………………………………………………… 10
   6.2 漂遊対地静電容量 ……………………………………………………………………… 10
   6.3 高周波静電容量 ………………………………………………………………………… 10
   6.4 等価直列抵抗 …………………………………………………………………………… 10
   6.5 耐電圧 …………………………………………………………………………………… 10
   6.6 コンデンサ損失 ………………………………………………………………………… 10
   6.7 絶縁抵抗 ………………………………………………………………………………… 11
   6.8 保安装置の特性 ………………………………………………………………………… 11
7. 試　験 ………………………………………………………………………………………… 11
   7.1 試験の種類 ……………………………………………………………………………… 11

7.2	試験項目および試験順序	11
7.3	試験方法	12
8.	**表　　　　　示**	13
8.1	表　　示	13
8.2	製品の呼び方	14
解	説	15
1.	適用範囲	15
2.	常規使用状態	15
3.	定格電圧	15
4.	定格静電容量	15
5.	電流容量	16
6.	構造一般	17
7.	接地開閉器	17
8.	静電容量	17
9.	漂遊対地静電容量	18
10.	高周波静電容量	20
11.	等価直列抵抗	20
12.	保安装置の特性	21
13.	試験方法	21
14.	表　　示	24

JEC-5914-2006

電気学会　電気規格調査会標準規格

電力線搬送用結合コンデンサ

1. 適 用 範 囲 (解説1)

　この規格は，電力線を搬送波伝送回路として使用する場合に，電力線と電力線搬送装置を絶縁して，搬送波を安全，かつ効率よく電力線に結合させる目的で使用する電力線搬送用結合コンデンサ（以下結合コンデンサという）に適用する。

2. 用 語 の 意 味

　この規格で使用する用語の意味は以下のとおりとする。
(1) 結合コンデンサ　　電力線と電力線搬送装置を絶縁して搬送波を安全に電力線に結合させるために使用するコンデンサをいう。
(2) 電流容量　　結合コンデンサに安全に流しうる搬送波電流および商用周波電流の合成電流の実効値をいう。
(3) 最高電圧　　規定の条件のもとで，この規格に定めた性能を保証することのできる通常発生する最高の回路電圧をいう。
(4) 高圧端子　　結合コンデンサを電力線に接続するための端子をいう。
(5) 低圧端子　　結合コンデンサを電力線搬送用結合フィルタに接続するための端子をいう。
(6) 接地開閉器　　結合コンデンサの低圧端子を接地するための開閉器をいう。
(7) 保安装置　　結合コンデンサの低圧端子と大地間に設け，その間の過電圧を抑制するための装置をいう。
(8) 定格静電容量　　定格電圧および定格商用周波数における結合コンデンサの高低圧端子間の設計静電容量をいう。
(9) 高周波静電容量　　搬送周波数における結合コンデンサの高低圧端子間の静電容量をいう。
(10) 漂遊対地静電容量　　結合コンデンサの低圧端子と大地間の静電容量をいう。
(11) コンデンサ損失　　コンデンサ内で消費される実効電力をいい，損失角の正接で表す。
(12) 等価直列抵抗　　コンデンサ損失に等価な抵抗をいう。

3. 使 用 状 態

3.1 常規使用状態(解説 2)

この規格では，次の使用状態を常規使用状態とし，特に特定しない限り結合コンデンサは，この状態で使用されるものとする。

(1) 周囲温度　　－20～40℃の範囲で，かつ 24 時間の平均周囲温度 35℃以下。ただし寒冷地用は －35～35℃で，24 時間の平均周囲温度は 30℃以下。
(2) 標　　高　　1 000 m 以下
(3) 商用周波数　　50 Hz および 60 Hz
(4) 搬送周波数　　10～450 kHz

3.2 特殊使用状態

この規格では，次の使用状態を特殊使用状態とし，この使用状態の場合には特に指定しなければならない。

(1) 周囲温度および標高が常規使用状態に定める範囲外の状態で使用する場合。
(2) 急激な温度変化を受けるひん度の高い場所で使用する場合。
(3) 著しく潮風にさらされる場合。
(4) 著しく湿潤な場所で使用する場合。
(5) 過度のじんあいのある場所で使用する場合。
(6) 爆発性・可燃性・腐食性およびその他有害なガスのある場所，および同ガスの襲来のおそれのある場所で使用する場合。
(7) 異常な振動または衝撃を受ける場所で使用する場合。
(8) 特に氷雪の多い場所で使用する場合。
(9) その他特殊な条件下で使用する場合。

　解説 I　この特殊使用状態については，その程度を定量的に明確にしがたいことが多いので，必要に応じ購入者と製造者間で協議する必要がある。

4. 定　　　　　格

4.1 定格電圧(解説 3)

結合コンデンサの定格電圧はキロボルト（kV）で表し，次のとおりとする。

$22/\sqrt{3}$，$33/\sqrt{3}$，$66/\sqrt{3}$，$77/\sqrt{3}$，$110/\sqrt{3}$，$154/\sqrt{3}$，$187/\sqrt{3}$，$220/\sqrt{3}$，$275/\sqrt{3}$

4.2 定格静電容量(解説 4)

結合コンデンサおよびコンデンサ形計器用変圧器と共用する場合，いずれも定格静電容量の標準値は特に定め

4.3 電流容量 ^(解説5)

結合コンデンサの電流容量は，実効値で2Aとする。

5. 構　　造

5.1 構造一般 ^(解説6)

結合コンデンサの露出金属部分には，すべてさび止めを施すとともに，使用状態において外部コロナの発生の少ない構造とする。また気象条件（気圧，温度，湿度，風雨，氷雪など）によって障害を生じないことはもちろん，運搬中の振動や地震などの衝撃に対しても十分耐え，かつ運搬および取扱いに便利な構造とする。なお，頭部は電力線搬送用ライントラップの搭載に適した構造とする。

5.2 構造形式

結合コンデンサの形式は屋外すえ置形がい管油入式とする。

ただし，コンデンサ形計器用変圧器と共用する場合の分圧コンデンサについては特に定めない。

　解説Ⅱ　結合コンデンサの種類を屋外すえ置形がい管油入式として他の形すなわち，懸垂形，ブッシング形などを除外したのは，電力線搬送用としてはあまり用いられないからである。

5.3 下部の構造

結合コンデンサの下部低圧側には，接地開閉器，保安装置および電力線搬送用結合フィルタを収納することができ，かつ結合コンデンサが課電されたまま危険なく取扱い得る密閉した容器を備えるものとする。

5.4 接地開閉器 ^(解説7)

接地開閉器は 5.3 の容器外から安全かつ簡単に操作でき，しかも外部からその開閉状態を確認できるものでなくてはならない。

5.5 保安装置

結合コンデンサの低圧側には，放電距離を調整できる直径 2 cm 以上の球状火花ギャップ，またはこれと同等以上の性能をもつ保安装置を備えなければならない。

5.6 機械的強度

結合コンデンサの各部は，下記の荷重に対し，それに耐える十分な強度をもたなければならない。なお，ライントラップを頭部に搭載する場合については，製造者と購入者の協議による。

(1)　4.9 m/s^2（0.5 G）の静的一定水平加速度

(2)　最大風速 40 m／s の風圧荷重（屋内用は除く）

(3)　地震波を正弦波として結合コンデンサの取り付けられる架台下端を加振したときの共振時の動的荷重。ただし，共振時の加振条件は当事者間の協議による。

　解説Ⅲ　従来，結合コンデンサとしての機械的強度は規定されていなかったが，**JEC-1201**-1996（計器用変成器）をはじめとする他の変電機器との整合を図った。

6. 性　　　　能

6.1　静電容量 (解説 8)

結合コンデンサの静電容量は **7.3**(3)の試験を行い，5 ～ 35℃で測定したとき定格静電容量 −5％ ～ 10％の範囲になければならない。

6.2　漂遊対地静電容量 (解説 9)

結合コンデンサの漂遊対地静電容量は，電力線搬送用のものは 200 pF を，コンデンサ形計器用変圧器と共用するものは（300 + 0.05 × 定格静電容量）pF，もしくは製造者と使用者の協議によって定めた上限値を超えないようにする。

6.3　高周波静電容量 (解説 10)

10 ～ 450 kHz における結合コンデンサの静電容量は，定格静電容量の −20％ ～ +50％以内とする。

6.4　等価直列抵抗 (解説 11)

結合コンデンサの等価直列抵抗は，40 ～ 450 kHz で 40 Ω を超えてはならない。

6.5　耐　電　圧

結合コンデンサの耐電圧は，**7.3**(2)によって試験し，**表 1** の試験電圧に耐えなければならない。

表 1　結合コンデンサの試験電圧

公称電圧 (kV)	定格電圧 (kV)	最高電圧 (kV)	試験電圧 (kV)			
			雷インパルス耐電圧[1] (全波)	商用周波耐電圧	長時間交流耐電圧[2]	商用周波耐電圧 (低圧側)
			高圧端子と接地された低圧端子間		低圧端子と大地	
22	22 / √3	23	180	50	−	10
33	33 / √3	34.5	240	70	−	
66	66 / √3	69	420	140	−	
77	77 / √3	80.5	480	160	−	
110	110 / √3	115	660	230	−	
154	154 / √3	161	900	325	−	
187	187 / √3	195.5	900	−	170 − 225 − 170	
220	220 / √3	230	1 080	−	200 − 265 − 200	
275	275 / √3	287.5	1 260	−	250 − 330 − 250	

注[1]　結合コンデンサは，避雷器の保護を受けない場合が多いので，JEC-0102-1994（試験電圧標準），JEC-1201-1996（計器用変成器）の非保護地域用の雷インパルス試験電圧値を用いる。
　[2]　電圧印加パターンは **7.3**(2)(d)(ⅲ)を参照。

6.6　コンデンサ損失

7.3(5)の方法により測定したコンデンサ損失は，20℃において下記の範囲を超えてはならない。

　　　誘電体の材質が紙の場合　　　　　：　0.005 以下
　　　誘電体の材質が紙フィルムの場合　：　0.002 以下
　　　誘電体の材質がフィルムの場合　　：　0.001 以下

解説 Ⅳ　従来は誘電体の材質が紙のみであったが，現状では材料も多様化しており，IEC 60044-5-2004 (Instrument Transformers-Part 5：Capacitor voltage transformers) との整合を図り，上記それぞれの場合を規定した。

6.7　絶縁抵抗

7.3(6)の方法により測定した結合コンデンサの低圧端子と大地間の絶縁抵抗は，1 000 MΩ 以上でなければならない。

解説 Ⅴ　結合コンデンサにおいて絶縁抵抗値の大小は必ずしも製品の優劣を示すものではないので，低圧端子と大地間の絶縁抵抗のみを規定した。

6.8　保安装置の特性 (解説12)

保安装置は結合フィルタとの整合により，商用周波電圧（実効値）2～3 kV で確実に放電，動作し，かつ，信頼性の高いものでなければならない。

7.　試　　　験

7.1　試験の種類

結合コンデンサの試験は，次の2種類とする。

(1) 形式試験　形式試験は，その形式全般にわたり設計や製造技術の良否を判定するための試験で，その形式を代表する少数の製品について行うものとする。

(2) 受入試験　受入試験は，製品を受渡しする場合，その良否を判定するため製品個々について行うものとする。

7.2　試験項目および試験順序

この規格に定めた構造および性能に関する事項全般にわたり，試験を行う。試験項目と順序は表2のとおりとする。

表2　試験項目と順序

試験項目	形式試験	受入試験	備考
構　造	①	①	
雷インパルス耐電圧	②		注水状態における試験は，屋外用に限るものとし，協議により省略できる。
商用周波耐電圧	〔③〕	〔②〕	最高電圧 161 kV 以下のものに限る。注水状態における試験は，屋外用に限るものとし，協議により省略できる。
長時間交流耐電圧	(③)	(②)	最高電圧 195.5 kV 以上のものに限る。
静電容量試験	④	③	
漂遊対地静電容量試験	⑤		
コンデンサ損失試験	⑥	④	
絶縁抵抗試験	⑦		
高周波静電容量試験	⑧		
等価直列抵抗試験	⑨		
保安装置動作試験	⑩		

備考　〔　〕内は最高電圧 161 kV 以下，また（　）内は最高電圧 195.5 kV 以上のものに適用する。

解説Ⅵ　雷インパルス耐電圧試験は，JEC-1201-1996（計器用変成器）および IEC 60358-1990（Coupling capacitors and capacitor dividers）との整合を図り，受入試験項目から削除し，形式試験項目のみとした。

7.3 試験方法 (解説13)

結合コンデンサの試験方法は下記(1)～(9)によって行い，特に指定のない限り，常温・常湿中で行う。

(1) 構造　**5.1～5.6** の事項について調べる。

(2) 耐電圧試験　耐電圧試験は，**JEC-0201**-1988（交流電圧絶縁試験），**JEC-0202**-1994（インパルス電圧・電流試験一般），**JEC-0102**-1994（試験電圧標準），および **JEC-1201**-1996（計器用変成器）に準拠して，次の(i)～(iv)にて行い，また，コンデンサ形計器用変圧器と共用する場合は(v)により行う。電圧印加箇所，試験電圧は**表1**による。

高圧端子と接地された低圧端子間の耐電圧試験は，乾燥状態と注水状態とについて行う。なお，注水状態での試験は，注水に先立ち適切な方法でがい管の全面をぬらした後，次の方法で注水する。

(a) 注水の方法と範囲　注水は，その水圧一定のもとに噴水口より噴射させ，水滴はなるべく細かく一様で，注水範囲は供試物を十分に包含できる広さでなければならない。

(b) 注水量　垂直成分で 3 mm/min 以上とする。

(c) 注水角度　供試物のほぼ中央部で垂直方向に対して 45 度を標準とする。

(d) 注水の抵抗率　100 Ωm，裕度 ±20% とする。

(i) インパルス耐電圧試験　正極性の標準雷インパルス電圧を1回加え，結合コンデンサがフラッシオーバ，破壊を生じないかどうかを調べる。

(ii) 商用周波耐電圧試験　規定試験電圧の 1/2 以下の商用周波電圧を加え，それから規定試験電圧まで電圧計にそのときどきの電圧が表示され得る範囲で，できる限り早く上昇させ，試験電圧に達したのち，乾燥状態で1分間，注水状態で10秒間連続して加圧し，結合コンデンサがこれに耐えるかどうか調べる。

(iii) 長時間交流耐電圧試験　周波数 50 Hz または 60 Hz の正弦波に近い交流電圧を用い，**表1**の長時間交流耐電圧を**図1**の電圧印加パターンにより加え，電圧印加後試験終了まで部分放電量を測定する。外部ノイズはできるだけ低く抑える。

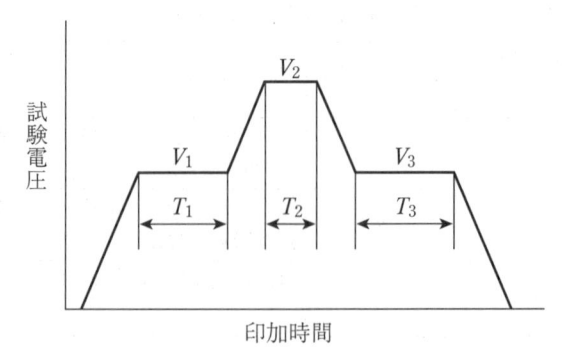

図1　電圧印加パターン

(注) V_1, V_2, V_3 は表1の長時間交流耐電圧を印加する。

表3　印加時間　〔単位：分〕

	T_1	T_2	T_3
形式試験時	30	1	30
受入試験時	5	1	5

(iv) 低圧端子と大地間耐電圧試験　保安装置を除いた状態で，商用周波 10 kV の電圧に 1 分間耐えるかどうかを調べる。

(v) コンデンサ形計器用変圧器と共用する結合コンデンサの耐電圧試験　JEC-1201-1996（計器用変成器）による。

(3) 静電容量試験　商用周波もしくは可聴周波の正弦波，またはこれに近い波形の電圧を加え交流ブリッジ法により静電容量を測定する。この場合の温度換算係数は，必要に応じ購入者と製造者間との協議による値とする。

(4) 漂遊対地静電容量試験　商用周波または可聴周波の正弦波，もしくはこれに近い波形の電圧を加え，交流ブリッジ法またはその他の方法により静電容量を測定する。ただし，コンデンサ形計器用変圧器の変成装置を接続して漂遊対地静電容量を測定する場合には，使用搬送周波数で測定するものとする。

(5) コンデンサ損失試験　定格電圧に応じて表 4 に示す商用周波電圧を加え，交流ブリッジ法によりコンデンサ損失を測定し，20℃の値に換算する。温度換算係数は，購入者と製造者間の協議による値とする。

表 4　コンデンサ損失の試験電圧

定格電圧（kV）	試験電圧（kV）	定格電圧（kV）	試験電圧（kV）
$22/\sqrt{3}$	13.5	$154/\sqrt{3}$	93
$33/\sqrt{3}$	20	$187/\sqrt{3}$	113
$66/\sqrt{3}$	40	$220/\sqrt{3}$	133
$77/\sqrt{3}$	47	$275/\sqrt{3}$	166
$110/\sqrt{3}$	67		

(6) 絶縁抵抗試験　結合コンデンサの低圧端子と大地間に直流 100～1 000 V を加え，直偏法または絶縁抵抗計によって絶縁抵抗を測定する。

(7) 高周波静電容量試験　結合コンデンサと外部導体によって長方形ループを作り，その開放端よりみたリアクタンスをブリッジ法またはその他の方法により測定し，外部回路のインダクタンスを計算して差し引いて求める。

(8) 等価直列抵抗試験　結合コンデンサと外部導体によってループを作り，その開放端よりみた抵抗分をブリッジ法またはその他の方法により求める。

(9) 保安装置動作試験　放電または動作電圧を 5 回連続して測定し，規定電圧で放電または動作するかどうか確かめる。

8. 表　　示

8.1　表　示 (解説 14)

結合コンデンサには，見やすい適当な所に，次の事項を消えない方法で明示した銘板を取り付けなければならない。

(1) 名　称
(2) 規格番号

(3) 形　名

(4) 定格電圧

(5) 耐電圧

(6) 商用周波数

(7) 搬送周波数

(8) 定格静電容量

(9) 使用周囲温度

(10) 総質量

(11) 油　量

(12) 製造番号

(13) 製造年（西暦とし，必要に応じて月も記載する。）

(14) 製造者名

8.2　製品の呼び方

結合コンデンサの呼び方は名称，定格電圧および定格静電容量による。ただし，寒冷地用はその旨指示する。

　　例1　　結合コンデンサ　　$154/\sqrt{3}$ kV　　0.002 μF

　　例2　　結合コンデンサ　　$110/\sqrt{3}$ kV　　0.002 μF　　寒冷地用

　　解説21．絶縁階級の削除に伴い，製品の呼び方からも絶縁階級を削除した。（電圧は定格電圧で判別する。）

解　　　説

解説1.　適　用　範　囲

(1) 電力線搬送用結合コンデンサには，発変電所，開閉所の引込口における断路器の線路側に設置して，電力線搬送用として専用に使用するもの，およびコンデンサ形計器用変圧器と共用するものなどがある。
(2) 結合コンデンサは上記のほかに，ブロック装置用，送電線放送用およびコロナ試験用など各種の用途に用いられるが，これらに対しても保安装置，使用周波数帯などについて配慮のうえ，この規格を準用することが望ましい。

解説2.　常　規　使　用　状　態

(1) この規格では，24時間の平均周囲温度の限度を規定して，常規使用状態を明確にした。温度の下限は，一般の油入式密閉構造機器の場合，－20～－10℃の値が通常選ばれているので－20℃を採用した。また，寒冷地用の周囲温度を明記した。
(2) 電力線搬送装置の使用周波数は，電波法施行規則によって10～450 kHzと定められているので，その全範囲にわたって使用できるように搬送周波数帯を規定した。

解説3.　定　格　電　圧

定格電圧の標準は本規格が対象とする$22/\sqrt{3}$ kVから$275/\sqrt{3}$ kVについて，JEC-0102-1994（試験電圧標準）の公称電圧と対応させた。

なお，500 kV級のものについては，当面，電力線搬送用としてその使用が考えられないので対象外とした。

解説4.　定　格　静　電　容　量

従来から定格静電容量は，コンデンサ形計器用変圧器と共用する場合は定格電圧，定格負担誤差特性などによ

り一律に決め難く,規定されていなかった。

また,結合コンデンサは従来 0.002 μF を標準としていたが,コンデンサ形計器用変圧器と整合がとれず,**IEC 60358**-1990(Coupling capacitors and capacitor dividers)にも規定されていないことから,標準値は規定しないこととした。

なお,結合コンデンサの定格静電容量は,結合フィルタとの整合,および要求仕様を満たすために製造者側で必要な値であり,その値は直接システム設計に影響を及ぼすものではないが,電力会社では一般に 0.002 μF が標準的に採用されている。

参考に,結合コンデンサの静電容量が 0.002 μF の場合,電力線搬送用結合フィルタの伝送帯域を解説図1に示す。

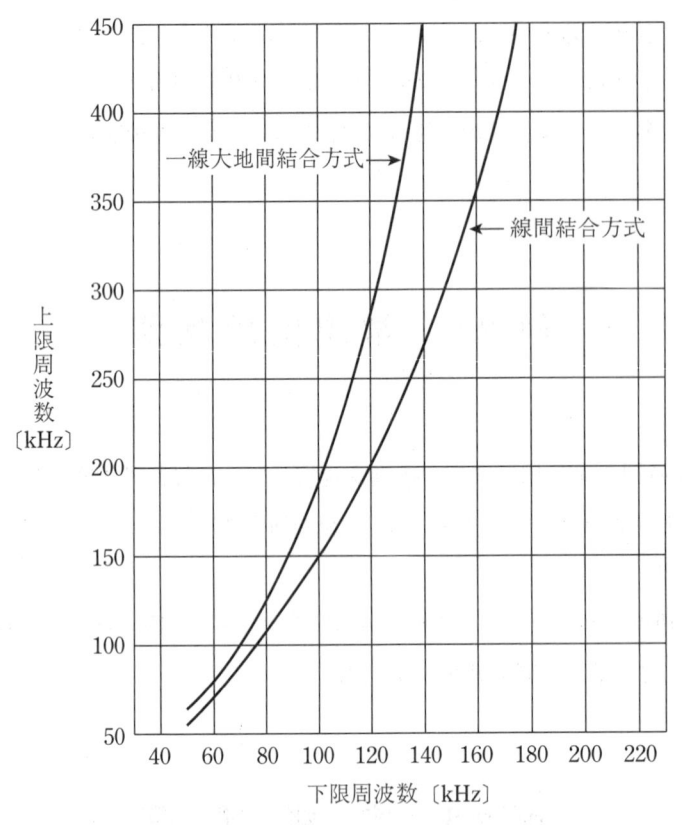

インピーダンス:一線大地間結合方式　　400 Ω:75 Ω
　　　　　　　線間結合方式　　　　　　600 Ω:75 Ω
結合コンデンサの静電容量:0.002 μF
結合コンデンサの漂遊対地静電容量:70 pF
不整合減衰量:12 dB
動作減衰量:0.5 dB 以下

解説図1　電力線搬送用結合フィルタの伝送帯域

解説5. 電流容量

結合コンデンサの定格静電容量については,コンデンサ形計器用変圧器と共用する場合との不整合,および

IEC 60358-1990（Coupling capacitors and capacitor dividers）との整合により，標準値を規定しないこととした。したがって，同様に電流容量を規定しない考えもあるが，IEC 60358-1990（Coupling capacitors and capacitor dividers）では搬送周波数電流のみ1A以下と規定されていること，およびこれに結合コンデンサの充電電流を加算しても実効値2Aで問題ないことから，従来と同じ2Aとする。

なお，結合フィルタの電流容量も2Aであり，協調がとれている。

解説6. 構造一般

結合コンデンサは，周囲の気圧変化による内外相対圧力の変化，温度変化による膨張収縮，湿度変化による水滴の結成，強風時の風圧，氷雪の結成・付着および落下による荷重および衝撃，運搬および地震時の衝撃などを受けることから，これらにより電気的または機械的障害，例えば電気的接触不良，放電ギャップの機能喪失，腐食，機械的損傷および油漏れなどが生じないことを必要とする。殊に油漏れは，放置すると絶縁破壊に至るおそれがあるから油漏れを生じないものでなければならない。

結合コンデンサは，高電圧の系統に使用されるため，雑音障害の原因となる外部コロナの少ないことが要求されるので，尖鋭な突出部を少なくするなど構造上注意を要する。

電力線搬送用ライントラップは，結合コンデンサに搭載できれば簡単かつ経済的であるので，結合コンデンサ頭部は，ライントラップの搭載に適した構造であることが望ましい。実際の計画に当たっては，風圧，地震強度などによって個々に検討しなければならないので，購入者と製造者間で協議することが必要である。

解説7. 接地開閉器

接地開閉器は，結合コンデンサに課電したまま，その低圧側に接続された機器を危険なく取扱い得るためのものであり，その開閉は，直ちに人命に影響するから特に開閉接点の位置が外部より直接確認できる構造とした。

解説8. 静電容量

結合コンデンサの静電容量に対する偏差は，結合フィルタの特性およびコンデンサ形計器用変圧器の誤差特性に著しい影響を与えない程度とし，IEC 60358-1990（Coupling capacitors and capacitor dividers）との整合を図った。

また，静電容量の温度係数は誘電体の材料によって異なり，全体の静電容量偏差も上記規定で定められているため，IEC 60358-1990（Coupling capacitors and capacitor dividers）との整合を図り，規定しないこととした。

解説9. 漂遊対地静電容量

　コンデンサ形計器用変圧器と共用する結合コンデンサの場合には，コンデンサ形計器用変圧器の変成装置の漂遊静電容量が並列にはいること，および **IEC 60358**-1990（Coupling capacitors and capacitor dividers）では定格静電容量を用いた数式で漂遊対地静電容量を規定していることより，**IEC 60358**-1990（Coupling capacitors and capacitor dividers）との整合を図る値とする。

　さらに，従来の規定（**JEC-173**-1976）は電力線搬送用のもので 100 pF，コンデンサ形計器用変成器と共用するものは 200 pF を超えてはいけないとしていたが，注記として"規定値を超える場合がある"との表記があり，**IEC 60358**-1990（Coupling capacitors and capacitor dividers）との整合を図り，実情に即した規定とした。

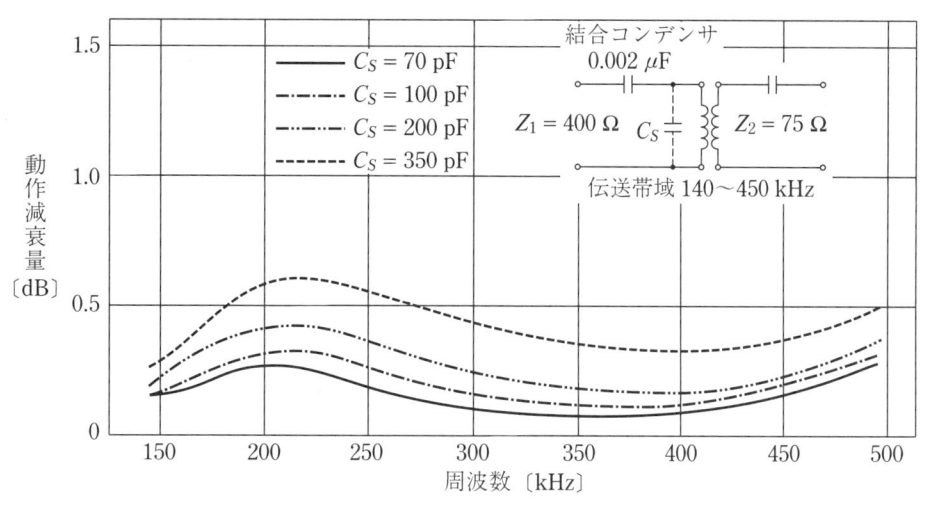

(a) 結合コンデンサの漂遊対地静電容量（C_S）による結合フィルタの動作減衰量の変化例

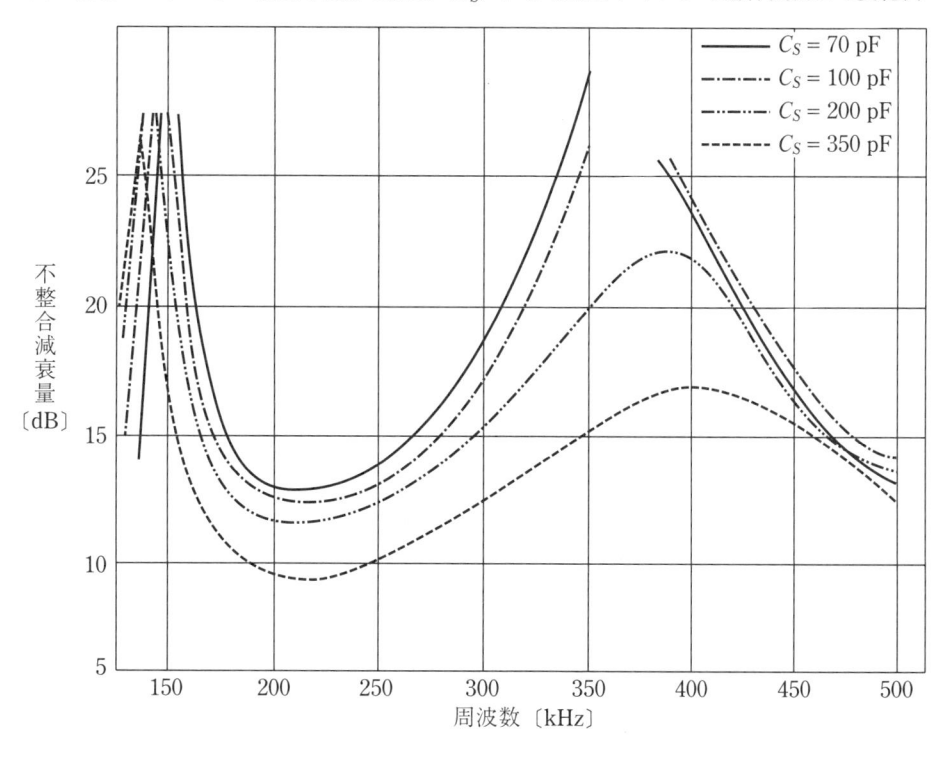

(b) 結合コンデンサの漂遊対地静電容量（C_S）による結合フィルタの不整合減衰量の変化例

解説図2

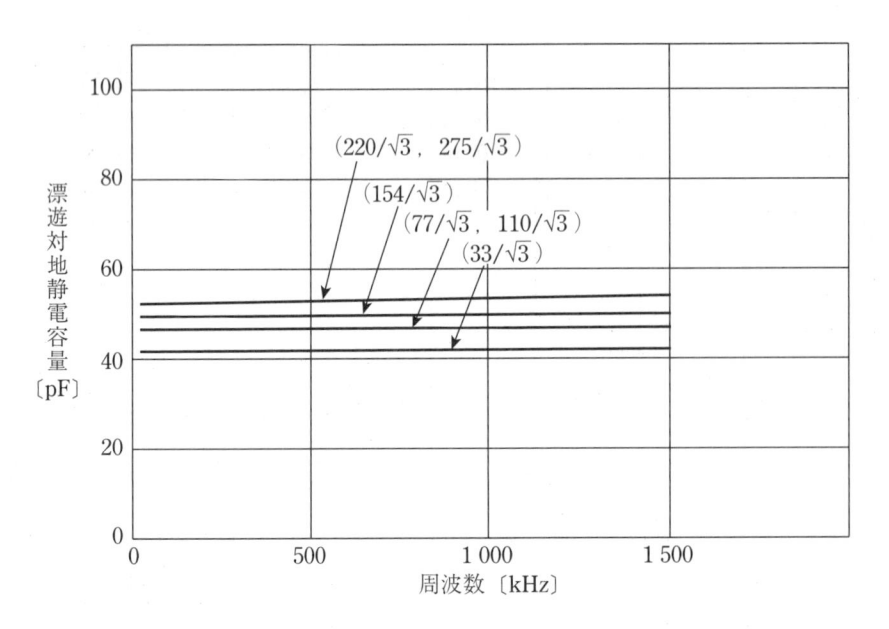

解説図3　結合コンデンサ（0.002 μF）の漂遊対地静電容量実測例

解説 10.　高周波静電容量

　結合コンデンサの高周波静電容量は，絶縁物の誘電率の周波数による変化分と，コンデンサ素子の構造，内部結線などによって避けられない残留インダクタンス（コンデンサを無誘導構造としてもなお消去し得ないで存在するインダクタンス）分のため，結合コンデンサの高低圧端子間よりみた静電容量は周波数によって変化する。

　現在，これらの両者を分離して正確に測定することは困難であり，一般には **7.3** 試験方法(7)のとおり，両者を総合した静電容量を測定することにしている。従来の規定（**JEC-173**-1976）は "最大値と最小値の差が 140 号 S 以下は定格静電容量の 5%，170 号 S 以上は定格静電容量の 15% 以内" であったが，注記として "偏差が規定値を超える場合がある" との表記があり，**IEC 60358**-1990（Coupling capacitors and capacitor dividers）との整合を図り，実情に即した値で規定する。

解説 11.　等 価 直 列 抵 抗

　結合コンデンサの等価直列抵抗は，主としてコンデンサ電極間の絶縁物の誘電損と電極の抵抗損に基づくものであって，結合コンデンサの耐電圧が高くなるほど，また，結合コンデンサの定格静電容量が小さいほど等価直列抵抗は大きくなる傾向にある。この規格の 40 Ω の値は等価直列抵抗による伝送損の増加を 0.5 dB 程度以内とするため電力線の一線大地間の線路特性インピーダンスの標準値 400 Ω の 1/10 をとったものである。また周波数範囲は，電力線搬送に 40 kHz 以下があまり使用されていないこと，現在の製造技術でこの規格値が十分満足されることなどを考慮して 40～450 kHz を定めた。

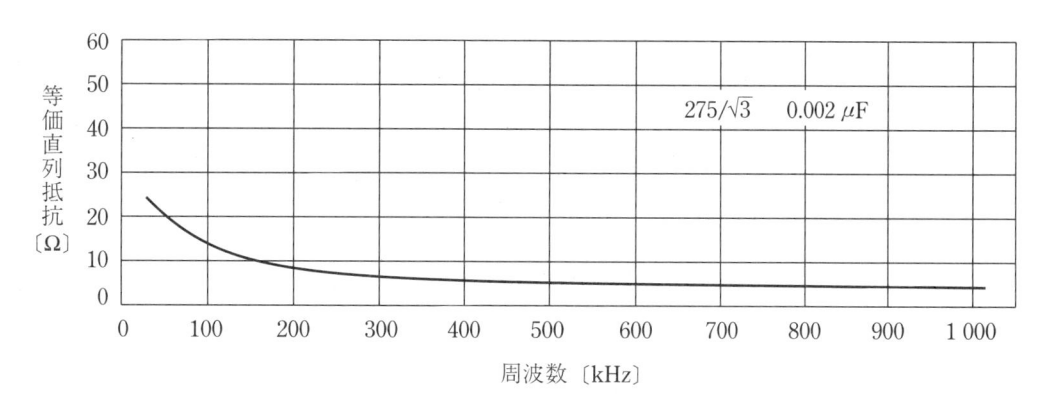

解説図4　結合コンデンサの等価直列抵抗－周波数特性例

解説12. 保安装置の特性

電力線搬送用の場合は2～3kVであるが，送電線故障点標定装置用に使用する結合コンデンサの場合は，標定パルスの波高値が6kV程度に達するものがあるので，保安装置の動作電圧を商用周波（実効値）6～7kVに整定するのが一般的である。

解説13. 試験方法

(1) 耐電圧試験

(a) インパルス耐電圧試験は，波形，試験電圧，注水条件ともに**JEC-0102**-1994（試験電圧標準）および**JEC-0202**-1994（インパルス電圧・電流試験一般）に準じて行うことにした。

インパルス耐電圧試験は，原則としては正・負両極性で行うべきであるが，結合コンデンサの場合には正波に対し低い破壊値を示すことが明確であるので，正極性のインパルス耐電圧試験のみを規定した。

インパルス耐電圧試験の標準雷インパルス電圧波形は，波頭長1 μs±50％，波尾長40 μs±20％とするが，コンデンサ形計器用変圧器と共用する場合など結合コンデンサの静電容量が，0.008 μFを超える場合には，波頭長1.5 μsの波形を発生することが困難なこともある。その場合においても，波頭長は2 μs以下にすることが望ましい。

(b) 商用周波耐電圧試験は，波形，試験電圧，印加時間，注水条件ともに**JEC-0102**-1994（試験電圧標準）および**JEC-0201**-1988（交流電圧絶縁試験）に準じて行うことにした。

商用周波耐電圧試験は，商用周波数で，原則としてひずみ率10％以下の波形をもつ商用周波電圧により実施しなければならない。

ただし，この波形の測定が困難な場合には，波高率＝$\sqrt{2}$±0.1で代用することができる。

(c) 長時間交流耐電圧試験は，波形，試験電圧，印加時間ともに**JEC-0102**-1994（試験電圧標準）および

JEC-1201-1996（計器用変成器）に準じて行うことにした。

内部部分放電の規定値は JEC-1201-1996（計器用変成器）解説 2.2.4(c)に準じて，外部雑音と区別できる内部部分放電が検出されないこととし，外部雑音レベルは，目安として 50 pC 以下を推奨する。

(d) 低圧側耐電圧試験において試験電圧を 10 kV としたのは次の理由によるものである。

低圧側保安装置の放電電圧は，商用周波電圧（実効値）2～3 kV に整定してあるので，試験電圧は商用周波電圧（実効値）6 kV あればよいが〔JEC-185-1976（電力線搬送用結合フィルタ）〔説明 12〕参照〕送電線故障点標定装置にも共通に使用することを考慮して，試験電圧は 10 kV とした。

(e) コンデンサ形計器用変圧器と共用する結合コンデンサの耐電圧試験は，JEC-1201-1996（計器用変成器）によって次のように行う。

主コンデンサ（コンデンサ形計器用変圧器の一次線路側端子と分圧端子間との間のコンデンサ）と変成装置（分圧コンデンサ，主変圧器，補助変圧器，共振リアクトルなどをまとめたもの）を一括して試験する。

接地開閉器付のものでは，まず，接地開閉器を閉じて，主コンデンサだけに規定の試験電圧を加え，次に接地開閉器を開いて変成装置部分の耐電圧に相当する電圧を加えて検証する。この耐電圧は一括試験時に分圧コンデンサの分圧端子間に現れる電圧とする。

(2) 漂遊対地静電容量試験　結合コンデンサの漂遊対地静電容量は，低圧端子の周囲条件によって異なるので，結合コンデンサに接地開閉器，保安装置（コンデンサ形計器用変圧器と共用する場合は変成装置を含む）を取り付けた状態で測定する。

(3) コンデンサ損失試験　搬送周波におけるコンデンサ損失の測定には，種々困難を伴うので測定を簡易化するため，商用周波においてのみ測定することとし，その試験電圧は結合コンデンサを接続する電力線の最高電圧の $1/\sqrt{3}$ に選んだ。

(4) 高周波静電容量試験　結合コンデンサは，構造的に長さを要し，その高低圧端子間の距離が離れているので，本文のような試験法を規定した。外部導体としては，直径 5 mm 程度以上の銅またはアルミ線（パイプを含む）を用い，結合コンデンサを一辺とする長方形ループの他辺の長さは，結合コンデンサの高さの 0.5～1 倍程度であることが測定精度上望ましい。なお，この試験に当たって，長方形ループの近傍に物体があると，ループのインダクタンス値が変化して，測定誤差を生ずるから，試験の実施に当たっては，少なくとも結合コンデンサの高さに相当する距離以内に近接物体のない広い場所を選ぶ必要がある。

高周波静電容量の値は，ループの開放端からみたリアクタンスの測定値から外部回路のインダクタンスを差し引いて求める。

外部回路のインダクタンスとしては，下記の式により長方形ループの 3 辺のみの回路のインダクタンスを求め，これを外部回路のインダクタンス L_0 とすることが望ましい。

$$L_0 = 4 \left\{ a \ln \frac{2ab}{r} + b \ln a \sqrt{\frac{2b}{r}} - a \ln (a+g) - b \ln (b+g) + 2g - 2(a+0.75b) \right\} \times 10^{-3}$$

L_0：外部回路のインダクタンス（μH）

a, b, g, r：外部回路の寸法（cm）

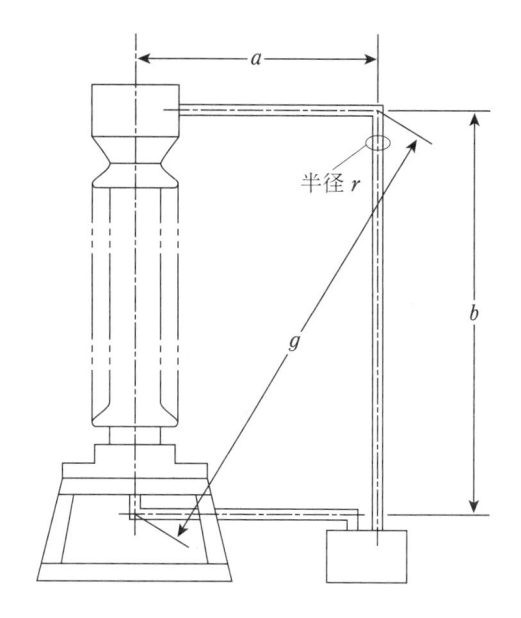

解説図5　結合コンデンサの高周波静電容量試験回路

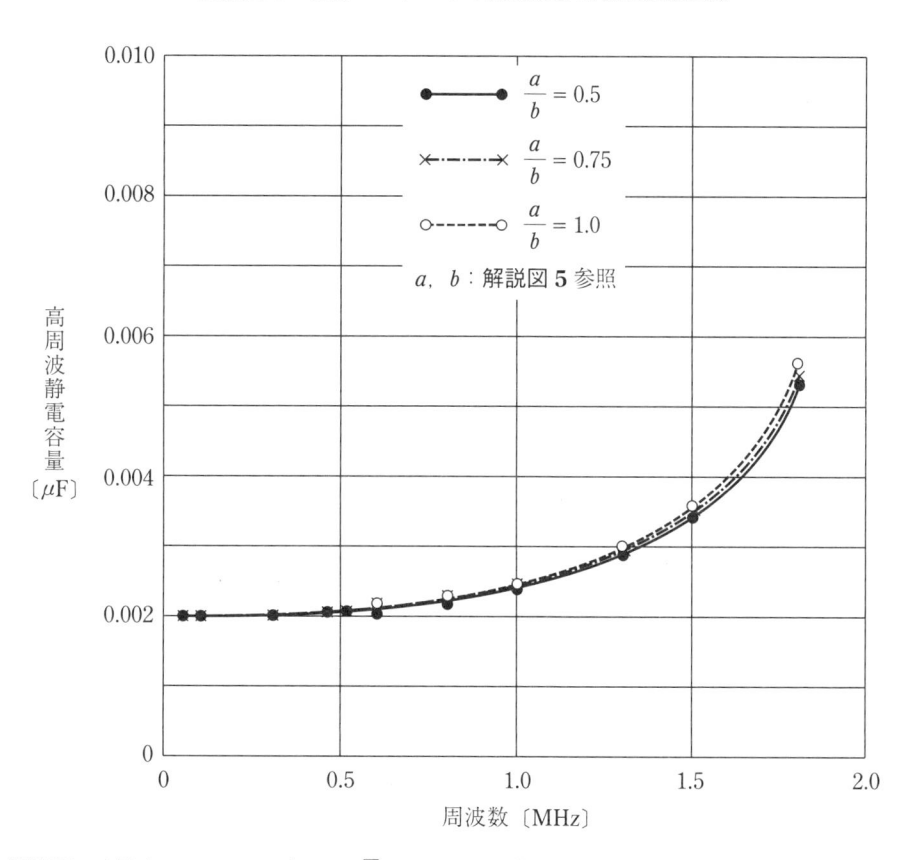

解説図6　結合コンデンサ（161／√3 kV，0.002 μF）の高周波静電容量の周波数特性実測例

(5) 等価直列抵抗試験　結合コンデンサと外部導体によって作るループについては，前項の高周波静電容量試験の場合を準用する。

解説14. 表　　　示

(1) 結合コンデンサ用銘板の例を下記に示す。

```
┌─────────────────────────────────────────────────┐
│                  結合コンデンサ                   │
│  JEC-5914-2006            形名  [C]              │
│  耐電圧 [325/900] kV(注)   定格電圧 [154/√3] kV  │
│  商用周波数 [50] Hz        定格静電容量 [0.002] μF│
│  搬送周波数 [10〜450] kHz  使用周囲温度 [-20〜40]℃│
│  製造番号 [12345]  製造 [2005] 年  総質量 [400] kg│
│                                    油量 [40] ℓ   │
│                     製造者名                      │
└─────────────────────────────────────────────────┘
```

(注) 最高電圧 161 kV 以下の結合コンデンサは，商用周波耐電圧値／雷インパルス耐電圧値を kV 表示し，最高電圧 195.5 kV 以上の結合コンデンサは，長時間交流耐電圧値／雷インパルス耐電圧値を kV 表示する。

(2) 耐電圧は，従来絶縁階級で表示していたものを，規定に合わせて耐電圧値で表示する。総重量は現状の JEC 表記との整合を図り総質量とする。また，油量は，結合コンデンサは油入機器であるため，JEC-1201-1996（計器用変成器）との整合を図り新規に追加した。

©電気学会電気規格調査会 2006

電気規格調査会標準規格

JEC-5914
電力線搬送用結合コンデンサ

2006年10月5日　　　第1版第1刷発行

編　者　電気学会電気規格調査会

発行者　田　中　久　米　四　郎

発　行　所
株式会社　電　気　書　院

振替口座　00190-5-18837
東京都千代田区神田神保町1-3 ミヤタビル2階
〒101-0051 電話(03)5259-9160(代表)

落丁・乱丁の場合はお取り替え申し上げます．

〈Printed in Japan〉